AF902010

Weltraum 4D

Sterne • Planeten • Galaxien

DEVAR

Markt+Technik

Inhaltsverzeichnis

So erweckst du die Seiten deines 4D-Buches zum Leben

Dein QR-Code für dieses Buch

Wir empfehlen dir, dein Gerät für die Installation und Verwendung unserer App mit einem *WLAN-Netzwerk* zu verbinden, um sicherzustellen, dass die Augmented-Reality-Inhalte fehlerfrei heruntergeladen werden.

Schritt 1: Installiere die kostenlose App auf deinem Smartphone oder Tablet

1. Scanne dazu den **QR-Code** (links) mit deinem Smartphone oder Tablet oder suche im **App Store** (bei iPhones und iPads) oder im **Google Play Store** (bei Android-Geräten) nach dem **Stichwort »Devar«.**

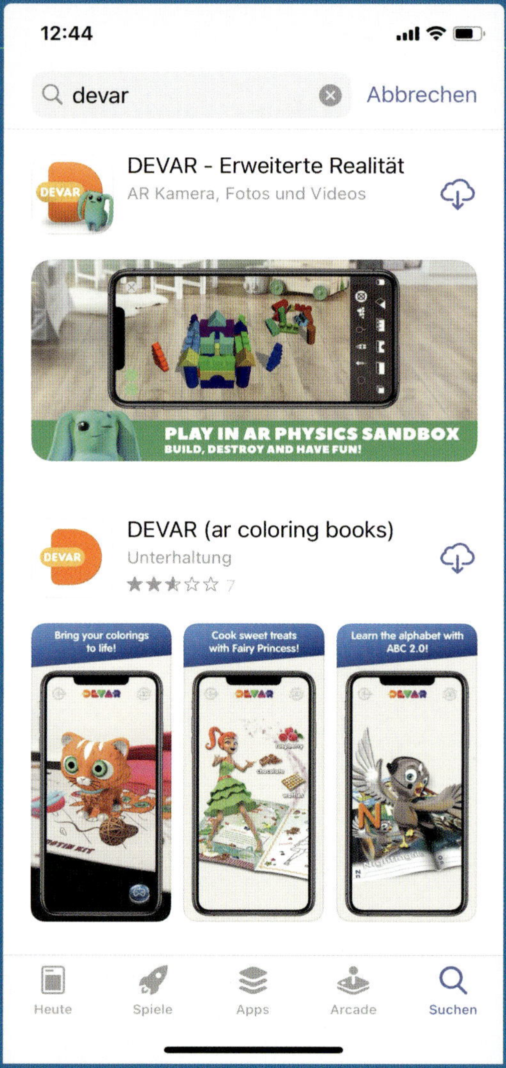

2. Wähle nun die App ***DEVAR – Erweiterte Realität*** aus und klicke auf ***Installieren*** oder auf das ***Wolken-Symbol***.
3. Nachdem die App erfolgreich installiert wurde, klicke auf ***Öffnen***.

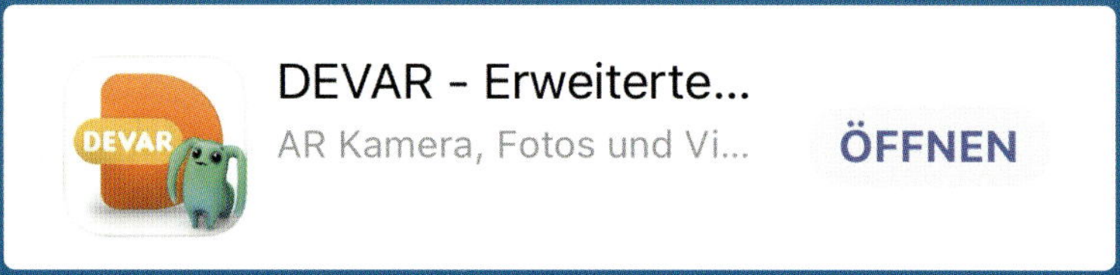

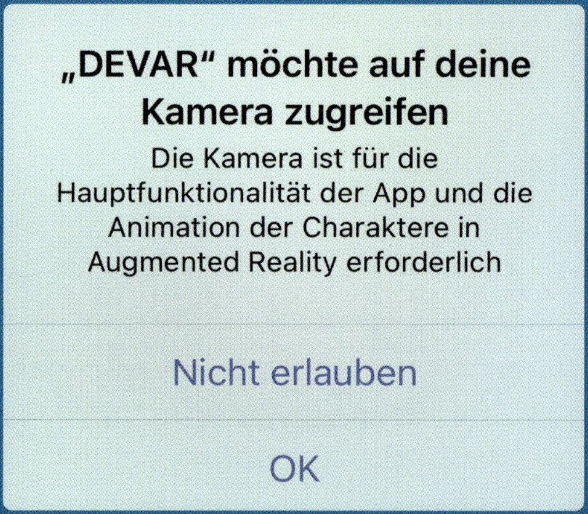

4. Damit du alle Funktionen nutzen kannst, benötigt die App Zugriffsrechte.
   Bitte bestätige jeweils mit ***Ok, Zulassen*** oder ***Erlauben***. Du kannst diese Rechte in den Geräteeinstellungen jederzeit wieder verändern.
5. Bestätige dein Land mit ***Ok.***

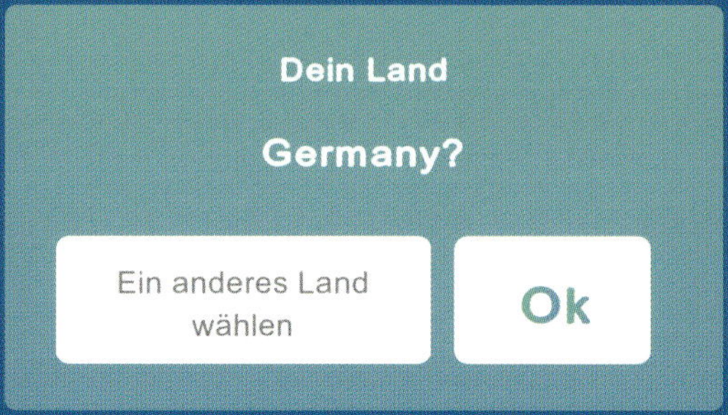

Wichtig: An dieser Stelle muss unbedingt ***Germany*** ausgewählt sein, damit du deine Bücher nachher in der App findest.

Schritt 2:
Finde dein 4D-Buch in der App

Bevor die App die Seiten deines gedruckten Buches erkennen kann, musst du zuerst die **digitalen Inhalte** für dein 4D-Buch **in der App herunterladen.**

Suche nach deinem 4D-Buch, indem du deine **App-Kamera über den QR-Code** in deinem Buch hältst (die App-Kamera erscheint automatisch, wenn du die DEVAR-App öffnest).

Alternativ kannst du auf das **Lupen-Symbol** klicken und **»Weltraum«** in das Suchfeld eingeben.

Schritt 3:
Lade die digitalen Inhalte herunter

1. Wenn du dir sicher bist, dass du das richtige 4D-Buch ausgewählt hast, klicke auf ***Herunterladen.***
2. Sobald alle Daten heruntergeladen wurden, klicke auf ***Starten.***

WICHTIG: Jedes Mal, wenn du die App neu öffnest, musst du zuerst das richtige 4D-Buch in der App-Bibliothek auswählen und auf ***Starten*** klicken.

Erst dann erkennt die App die gedruckten Seiten deines Buches. Wenn du verschiedene 4D-Bücher besitzt, achte bitte darauf, dass du in der App das richtige Buch gestartet hast.

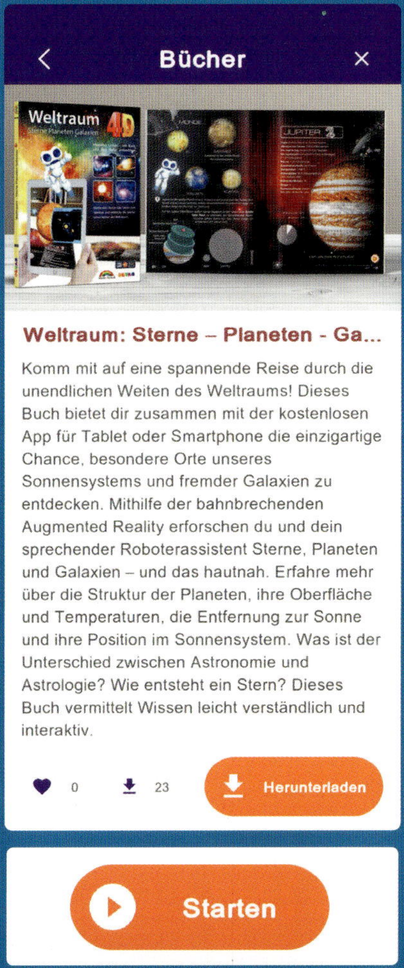

Schritt 4:
Erwecke die Seiten deines Buches zum Leben

Nachdem du auf ***Starten*** geklickt hast, wechselt die App in den **Kamera-Modus**. Halte die App-Kamera über eine beliebige Buchseite. Positioniere dein Gerät so, dass du die komplette Buchseite durch die App-Kamera sehen kannst.

Alle Seiten, die zum Leben erweckt werden können, erkennst du anhand dieses Symbols:

Tipp: Wenn du zu einer neuen Buchseite wechselst, brauchst du in der App nichts zu verändern. Halte die Kamera einfach über die neue Seite.

Interagiere mit den 4D-Modellen, indem du mit deinem Finger auf den Bildschirm tippst. Beispielsweise kannst du die Modelle drehen oder sie aus der Nähe betrachten, indem du dich mit deinem Gerät auf sie zu bewegst. **Bitte pass dabei auf Gegenstände in deiner Umgebung auf, an denen du dich verletzen könntest.**

Du hast Probleme bei der Installation, Aktivierung oder Verwendung der App? Dann lies in der Hilfestellung ab Seite 52 nach oder schreib uns eine E-Mail an *info@mut.de*

Wir werden dir schnell weiterhelfen und freuen uns über dein Feedback.

Klicke auf folgende Symbole:

um deinen Roboterassistenten zu starten

um herauszufinden, wo im Sonnensystem du dich befindest

um die Satelliten des Planeten zu entdecken

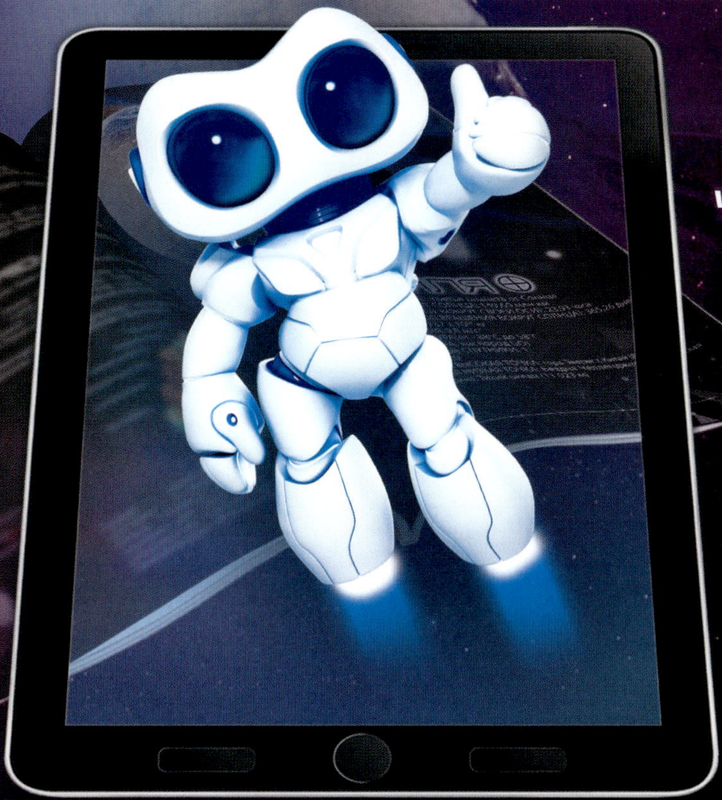

um den Aufbau des Planeten

um dich auf eine Forschungsmission

EINFÜHRUNG

Der Sternenhimmel hat uns Menschen schon immer fasziniert. In zahlreichen Geschichten malten wir uns aus, welche Abenteuer uns im entfernten Weltall erwarten würden. Die Geheimnisse dieser mysteriösen und unbekannten Welten zu entschlüsseln, ist noch heute unser großes Ziel.

Was verbirgt sich also in diesen unendlichen Weiten? Gibt es Leben auf einem anderen Planeten und wenn ja, in welcher Form? Lass es uns gemeinsam herausfinden!

Wissenschaftler gehen davon aus, dass das Universum nach dem Urknall entstand – einer riesigen Explosion vor fast 14 Milliarden Jahren. Im Bruchteil einer Sekunde wuchs das Universum von der Größe eines Atoms zur Größe einer Galaxie. Und es dehnt sich noch weiter aus.

Heute blicken wir in den Nachthimmel und bewundern die Schönheit des Mondes und der Sterne.

Dieses Buch nimmt dich mit auf eine Entdeckungsreise durch den Weltraum. Zusammen besuchen wir die fantastischsten Orte unserer Galaxie und reisen sogar darüber hinaus.

UNSERE REISE
BEGINNT JETZT.
BIST DU BEREIT?

ASTRONOMIE
IM WANDEL DER ZEIT

2400 v. Chr.

STONEHENGE
Station zur Beobachtung des Himmels (Observatorium), die zur Vorhersage von Sonnenfinsternis, Sonnenwende, Tagundnachtgleiche und anderen Himmelsereignissen gedient haben könnte.

380 v. Chr.
Der griechische Philosoph Demokrit entwickelte die Theorie, dass die Milchstraße aus einer sehr großen Anzahl von Sternen besteht. Diese wurde 1786 von William Herschel bestätigt.

1572
SN 1572
TYCHO BRAHE
beobachtete diese Supernova.

1610
GALILEO GALILEI
entdeckte vier Jupitermonde.

1619
JOHANNES KEPLER
entdeckte die Gesetze der Planetenbewegung (Keplersche Gesetze).

1916
ALBERT EINSTEIN
veröffentlichte seine allgemeine Relativitätstheorie.

1957
SPUTNIK 1
Der russische Satellit umrundete als erstes Objekt die Erde.

1973
NASA
Pioneer 10, die erste Raumsonde, erreichte den Jupiter.

1990
NASA
Das Hubble-Weltraumteleskop wurde in die erdnahe Umlaufbahn gebracht und ist noch heute im Einsatz.

46 v. Chr.
JULIUS CÄSAR
führte per Gesetz einen Kalender mit 12 Monaten und 365 ¼ Tagen ein.

1543
NIKOLAUS KOPERNIKUS
entwickelte das erste heliozentrische Modell des Sonnensystems.

1687
ISAAC NEWTON
entwickelte seine Idee der Schwerkraft und die drei Gesetze der Bewegung.

1675
Königliches Observatorium von Greenwich

1969
NEIL ARMSTRONG
Der erste Mensch auf dem Mond.

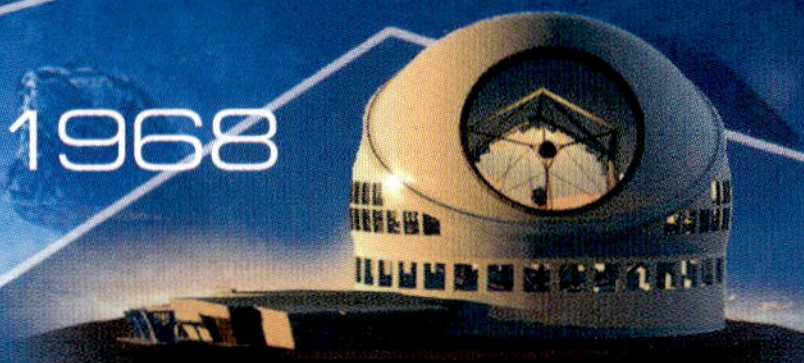

1968
Das erste Teleskop auf dem hawaiischen Vulkan
MAUNA KEA.

1961
YURI GAGARIN
Der erste Mensch im Weltall.

2000
MARS
Beweise für die Existenz von Wasser.

1995
SÄULEN DER SCHÖPFUNG
Eine Aufnahme des Hubble-Teleskops dreier Säulen aus interstellarem Gas und Staub im ca. 7.000 Lichtjahre entfernten Adlernebel.

2011
Bestätigung einer beschleunigten Ausbreitung des Universums. 697 Exoplaneten entdeckt.

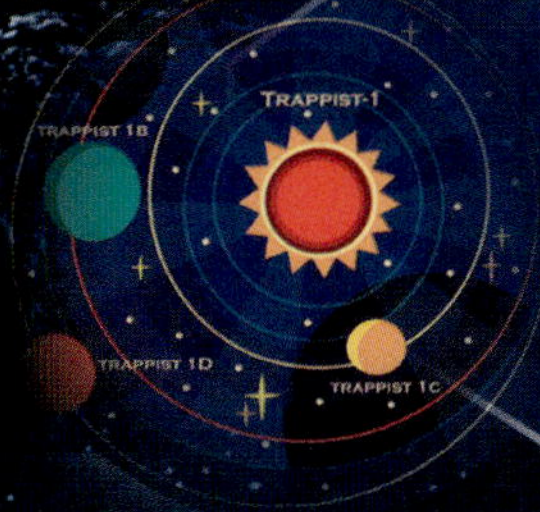

JUPITER
NEPTUN
VENUS
ERDE
WIR

UNSER SONNENSYSTEM

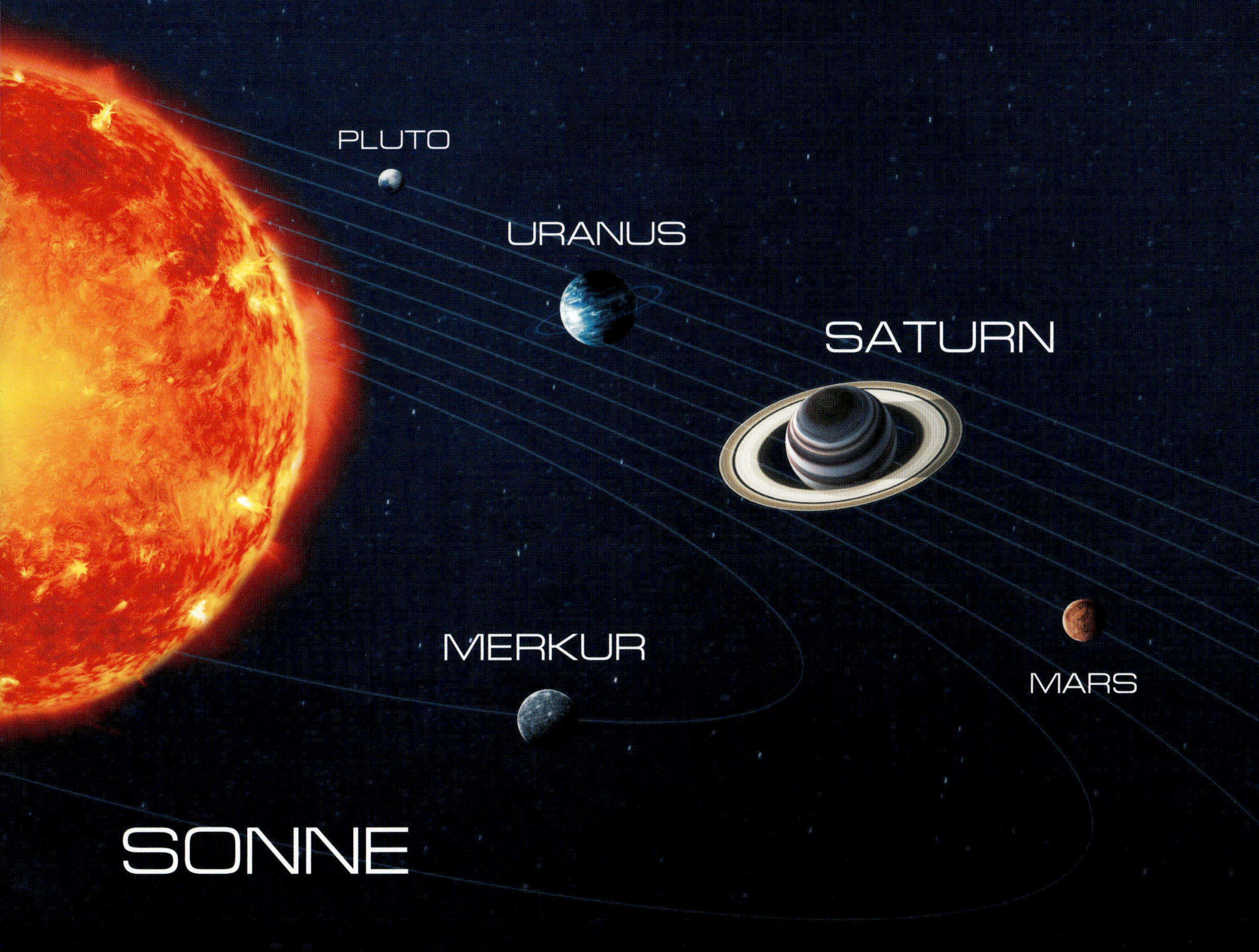

❗

Unser Sonnensystem entstand vor 4,6 Milliarden Jahren und beheimatet acht Planeten, die die Sonne umkreisen. Des Weiteren finden wir dort eine Vielzahl an Monden, Asteroiden, Kometen, Zwergplaneten, jede Menge Staub, Gas und andere Weltraumobjekte.

MOND

Abstand zur Erde: 384.400 km
Ein Mondtag (Rotationszeit um die eigene Achse) entspricht 653,77 Stunden (27,32 Erdentage)
Ein Mondjahr (Umlaufzeit um die Erde) entspricht 27,32 Erdentagen
Masse im Vergleich zur Erde: 1 %
Schwerkraft (Gravitationskraft) im Vergleich zur Erde: 17 %
Temperatur: -160 °C bis 123 °C
Höchster Punkt: Krater Engel'gardt (10.786 m)
Niedrigster Punkt: Krater Antoniadi (9.061 m Tiefe)

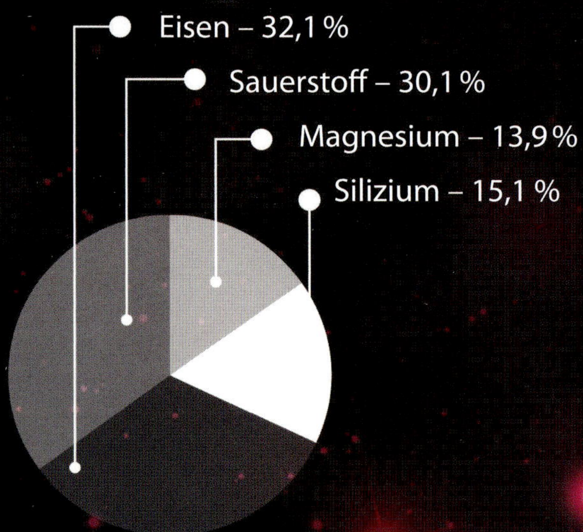

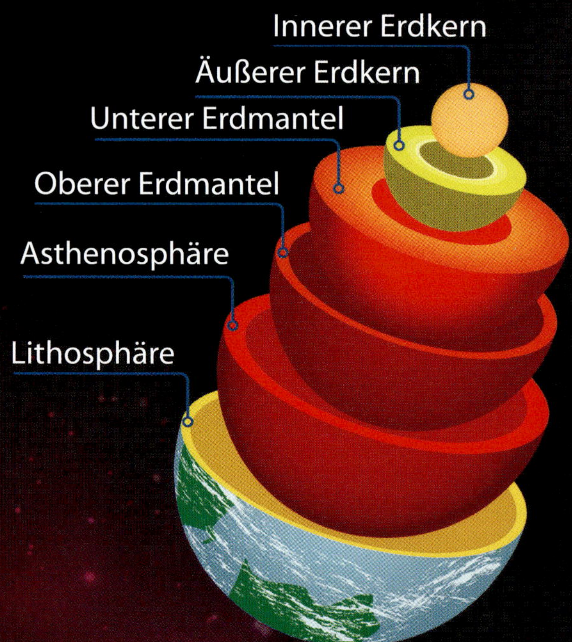

Der Mond ist nicht rund, sondern eiförmig (ovoid).

Der Mond der Erde ist größer als der Zwergplanet Pluto, und einige Wissenschaftler bezeichnen den Mond sogar als einen Zwergplaneten. Das Erde-Mond-System wäre in dem Fall ein »Doppelplanet«. Die Anziehungskraft des Mondes beeinflusst das Geschehen in den Meeren und steuert die Gezeiten.

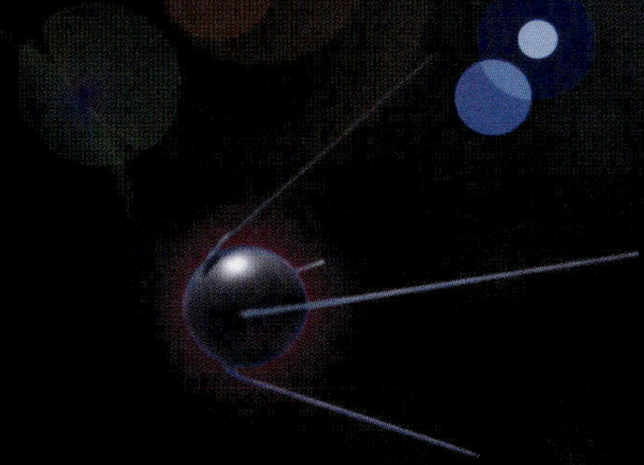

ERDE ⊕

Lage: dritter Planet im Sonnensystem
Abstand zur Sonne: 149,6 Millionen km
Ein Erdentag entspricht 23,93 Stunden
Ein Erdenjahr (Umlaufzeit um die Sonne) entspricht 365,26 Erdentagen
Masse: $5{,}972 \times 10^{24}$ kg
Gravitationskraft: 9,807 m/s^2
Temperatur: -93 °C bis 58 °C
Atmosphäre: 78 % Stickstoff (N), 21 % Sauerstoff (O_2)
Bekannte Monde: 1
Ringe: 0
Höchster Punkt: Mount Everest, Nepal/Tibet (8.848 m)
Niedrigster Punkt: Challengertief im Marianengraben, Pazifischer Ozean (10.994 m Tiefe)

!

Nach dem aktuellen Stand der Forschung ist die Erde der einzige Planet, auf dem Leben existiert. Welche Eigenschaften, welche Atmosphäre und Temperatur muss ein Planet besitzen, damit Leben möglich ist?

Im Gegensatz zum Mond ist unser Planet fast kugelförmig. An den Polen ist er etwas abgeflacht, am Äquator ist sein Durchmesser besonders groß.

Da 70 % der Erde mit Wasser bedeckt sind, wird sie auch »Blauer Planet« genannt.

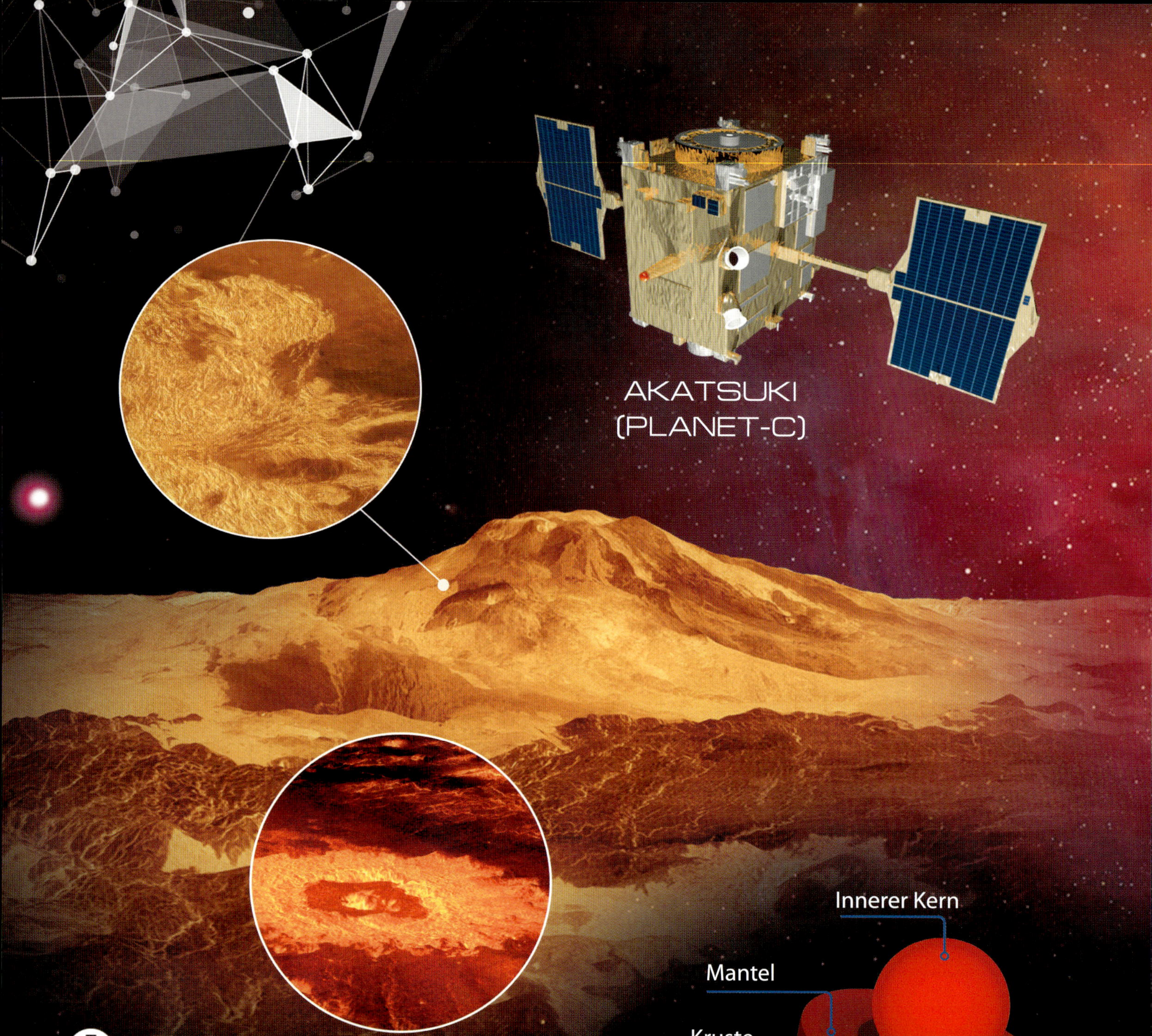

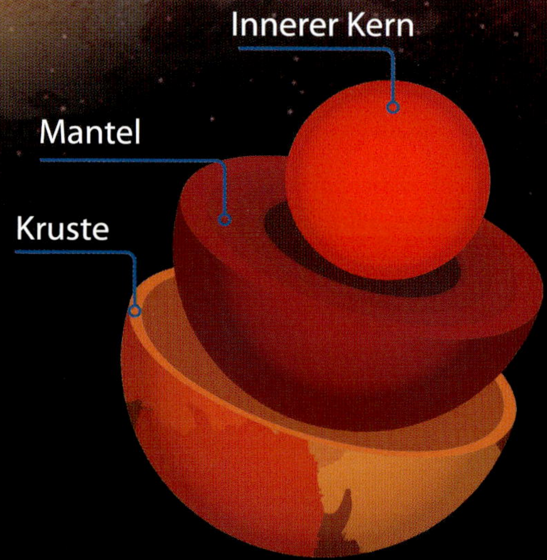

Die Venus ist die Zwillingsschwester der Erde. Sie haben beinahe die gleiche Größe, Masse, Gravitationskraft und einen ähnlichen Aufbau. Eine besondere Eigenschaft der Venus jedoch ist, dass sie rückläufig rotiert. Somit dauert ein Tag auf der Venus länger als ein Jahr.

Auf der Venus ist es extrem heiß und windig. Die Winde dort bewegen sich mit Geschwindigkeiten von bis zu 400 km/h fort.

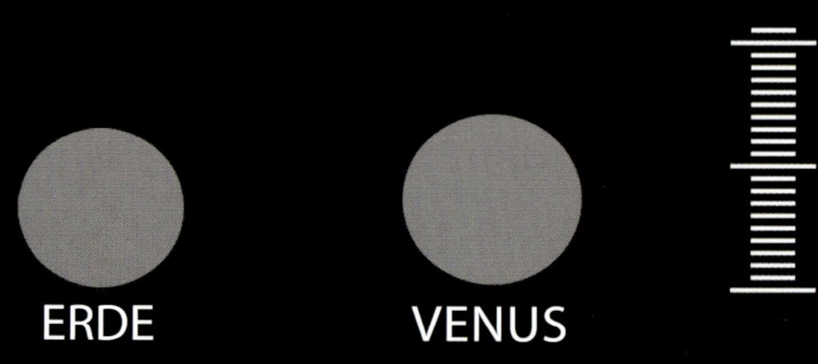

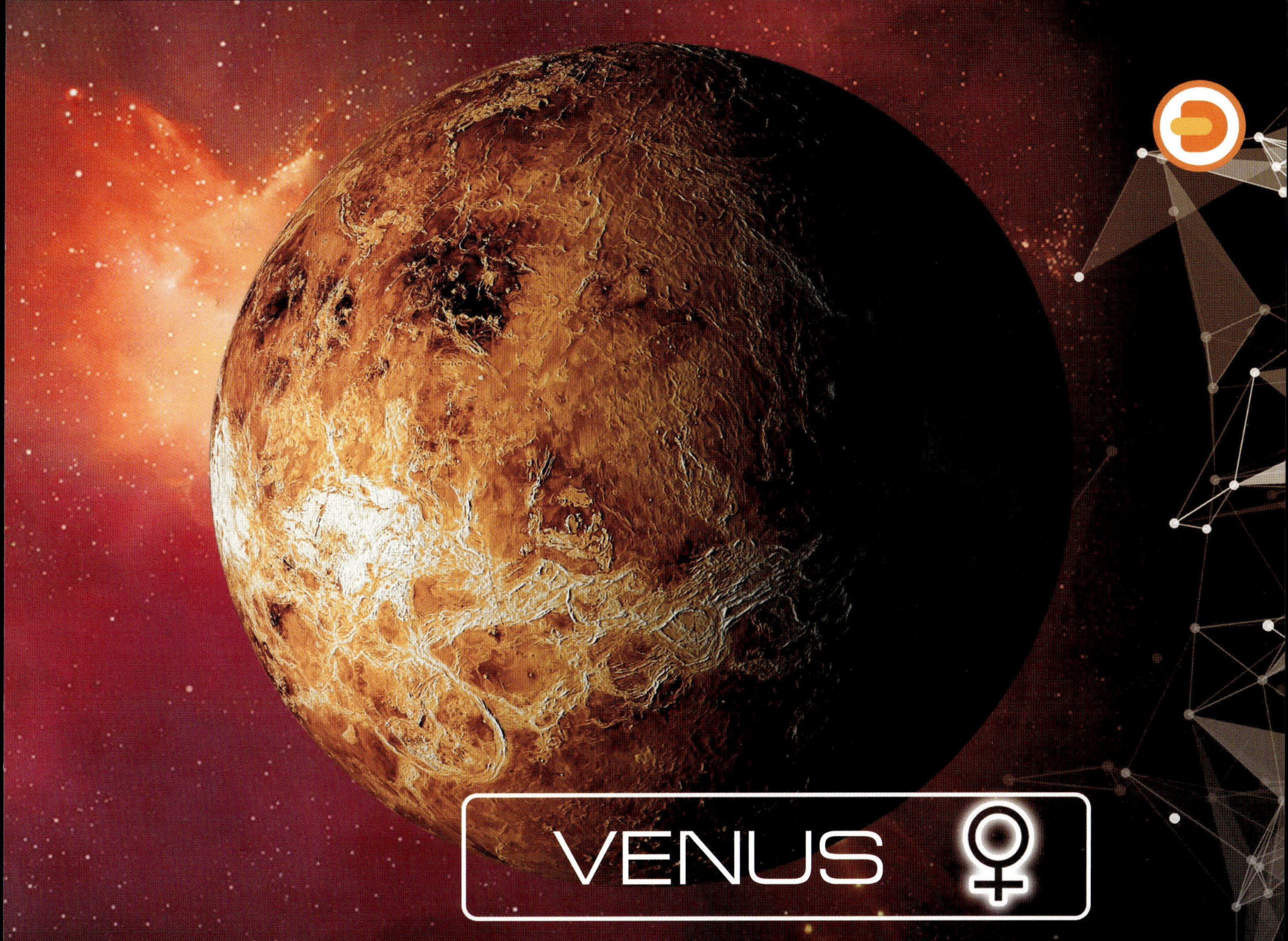

VENUS ♀

Lage: zweiter Planet im Sonnensystem
Abstand zur Sonne: 108,2 Millionen km
Ein Venustag entspricht 5.832,48 Stunden (243,02 Erdentage)
Ein Venusjahr entspricht 224,7 Erdentagen
Masse im Vergleich zur Erde: 82 %
Gravitationskraft im Vergleich zur Erde: 91 %
Temperatur: 462 °C
Atmosphäre: 96,5 % Kohlenstoffdioxid (CO_2)
Bekannte Monde: 0
Ringe: 0
Namensgebung: Venus – die römische Göttin der Liebe und Schönheit
Höchster Punkt: Maxwell Montes, Ishtar Terra (10.900 m)
Niedrigster Punkt: Diana Chasma, Aphrodite Terra (3.000 m Tiefe)

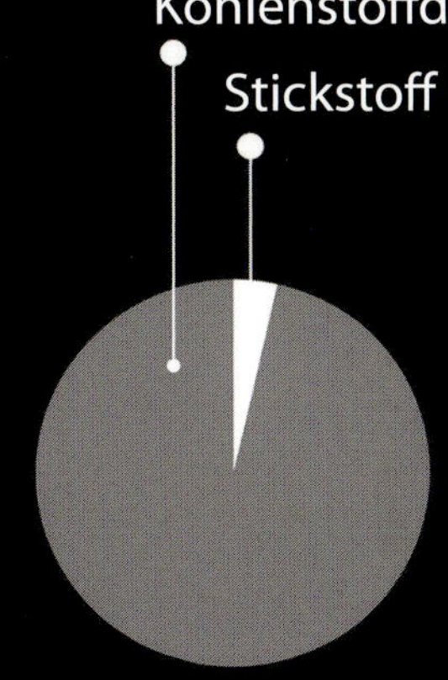

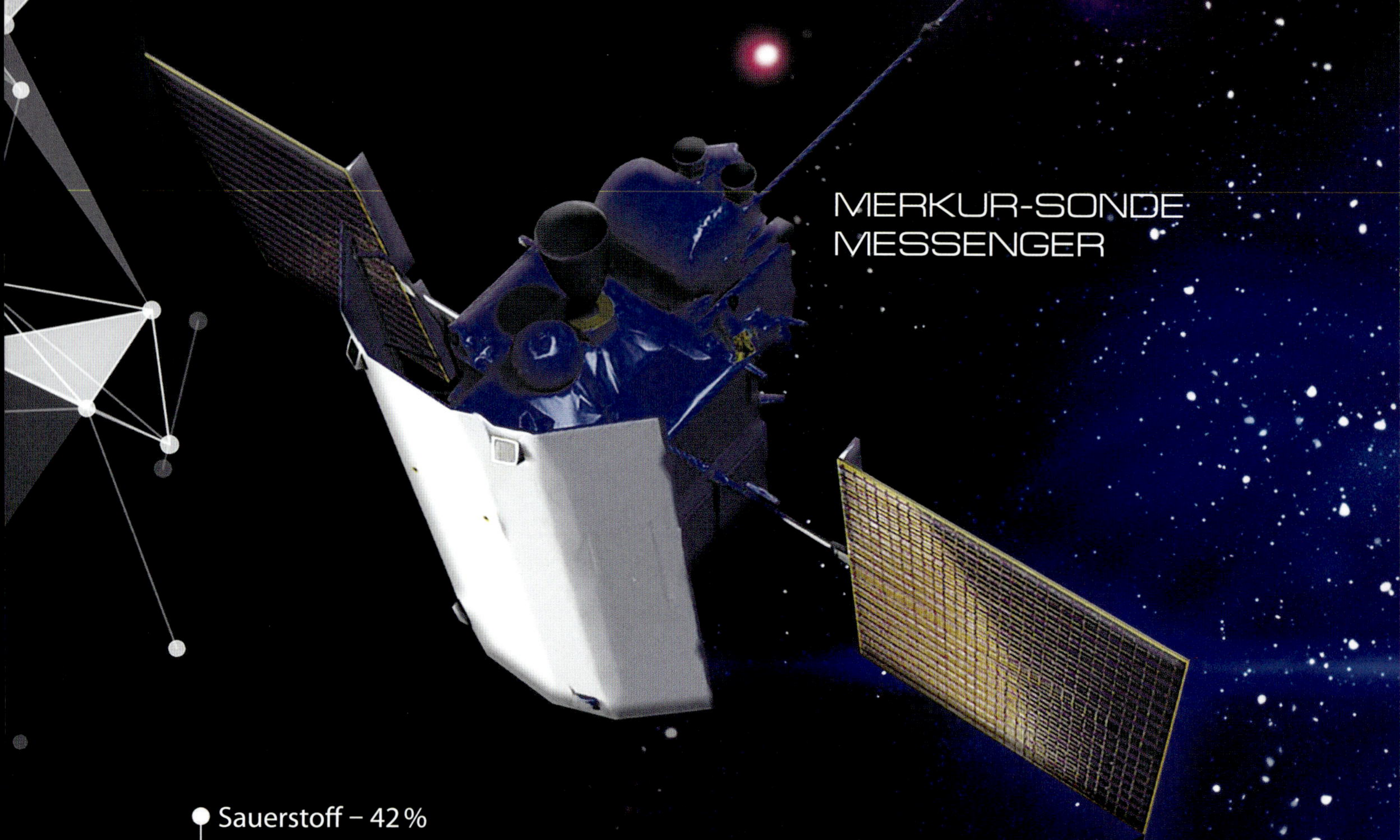

MERKUR-SONDE MESSENGER

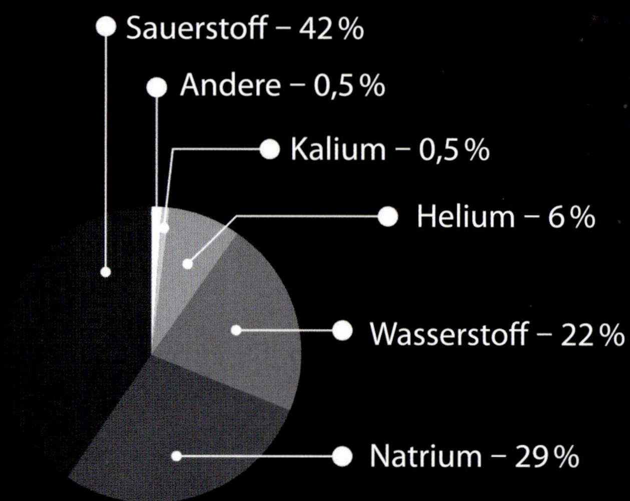

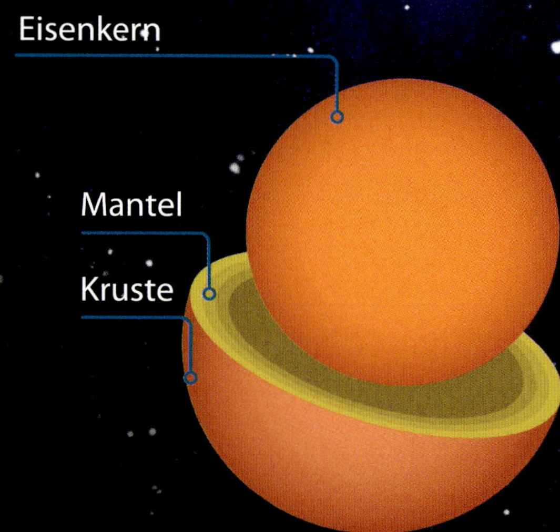

Der Merkur ist der kleinste Planet in unserem Sonnensystem.

Der Kern, der ca. 75 % seines Radius ausmacht, besteht vor allem aus Eisen. Damit ist der Merkur eisenhaltiger als jeder andere Planet des Sonnensystems.

Auch gibt es keinen anderen Planeten, bei dem der Unterschied zwischen der Höchst- und Tiefsttemperatur so extrem ist. Auf dem Merkur kann es eisig kalt werden, auch wenn er der Planet mit dem geringsten Abstand zur Sonne ist.

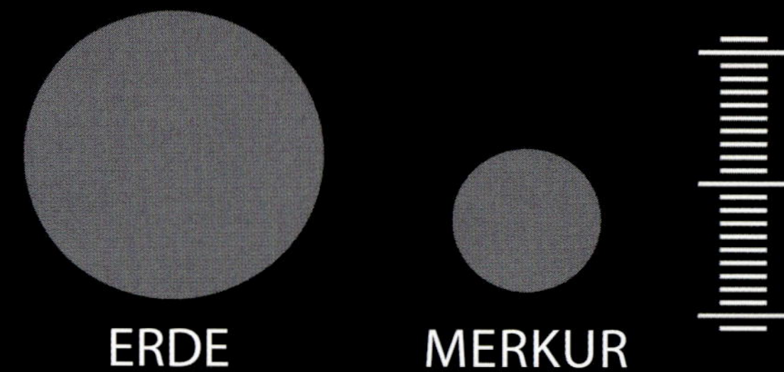

MERKUR ☿

Lage: der sonnennächste Planet

Abstand zur Sonne: 57,9 Millionen km

Ein Merkurtag entspricht 1.408,8 Stunden (58,65 Erdentage)

Ein Merkurjahr entspricht 87,97 Erdentagen

Masse im Vergleich zur Erde: 6 %

Gravitationskraft im Vergleich zur Erde: 38 %

Temperatur: –179 °C bis 427 °C

Atmosphäre: 42 % Sauerstoff (O_2)

Bekannte Monde: 0

Ringe: 0

Namensgebung: Mercurius – römischer Götterbote und Gott der Händler

Höchster Punkt: Caloris Montes, nordöstlicher Rand der Caloris Planitia (3.000 m)

WELTRAUMSONDE
STEREO

Sonnenlicht wird von uns als weißliches Licht wahrgenommen, da es eine Vermischung des gesamten Farbspektrums ist.

Die Sonne ist riesig. Sie macht 99,86 % der Masse im Sonnensystem aus.

An dieser Stelle ein wichtiger Hinweis für euch: nie mit bloßem Auge ungeschützt in die Sonne schauen. Schon gar nicht mit einem Teleskop oder ähnlichem Gerät! Ihr könntet erblinden!
(Bitte jetzt keinen Selbsttest machen!)

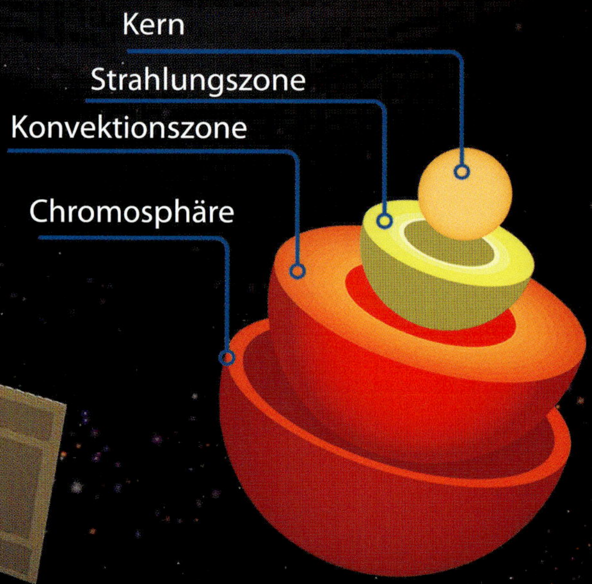

SONNEN- UND
HELIOSPHÄREN-OBSERVATORIUM SOHO

SONNE

Sternenklasse: G2V (Gelber Zwerg)
Alter: 4,6 Milliarden Jahre
Masse: 333.000-mal die Erde
Oberflächentemperatur: 5.500 °C

Die Sonne ist ein Stern, der im Zentrum unseres Sonnensystems steht. Auch in der Mythologie und Kultur spielt sie eine zentrale Rolle. Für einige frühe Zivilisationen wie die Ägypter, Azteken oder Chinesen war sie beispielsweise ein großer und mächtiger Gott.

MONDE

PHOBOS

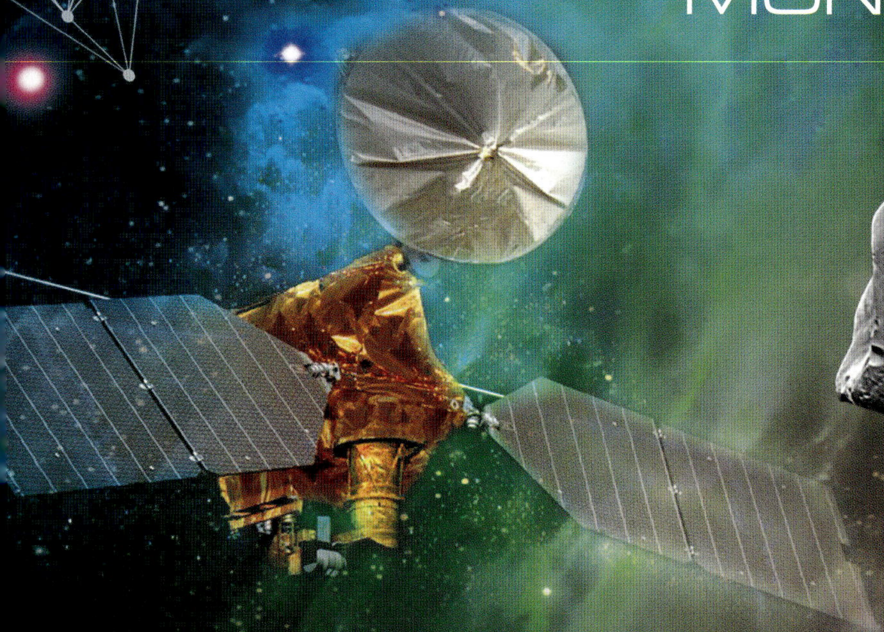

EXOMARS-TGO

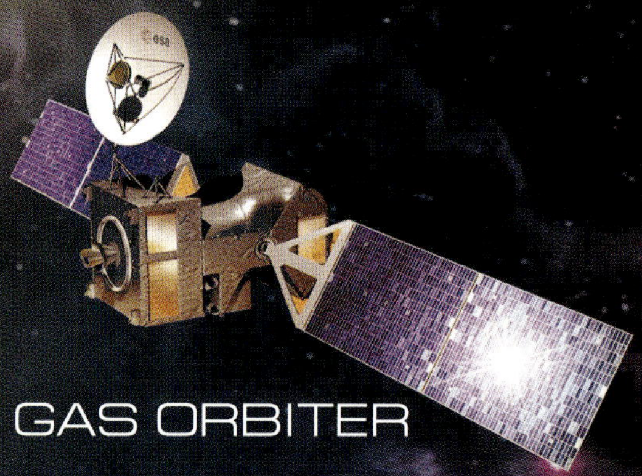

TRACE GAS ORBITER

Warum wird der Mars auch der Rote Planet genannt?

Das liegt daran, dass die Oberfläche des Mars mit Eisenoxid bedeckt ist. Dieser rostartige Staub verleiht dem Planeten seine rötliche Farbe. Wie wir bereits festgestellt haben, ist der Mount Everest der höchste Berg der Erde. Auf dem Mars gibt es einen Vulkan, der fast dreimal so hoch ist! Der Olympus Mons ist damit der höchste Berg des Sonnensystems.

Forscher haben auf dem Mars Spuren von Salzwasser entdeckt. Doch das bedeutet nicht unbedingt, dass wir Menschen dort leben könnten. Das Klima auf dem Mars ist jedenfalls mehr als ungemütlich: Auf dem Planeten wüten die stärksten und gefährlichsten Sandstürme, die im Sonnensystem zu finden sind.

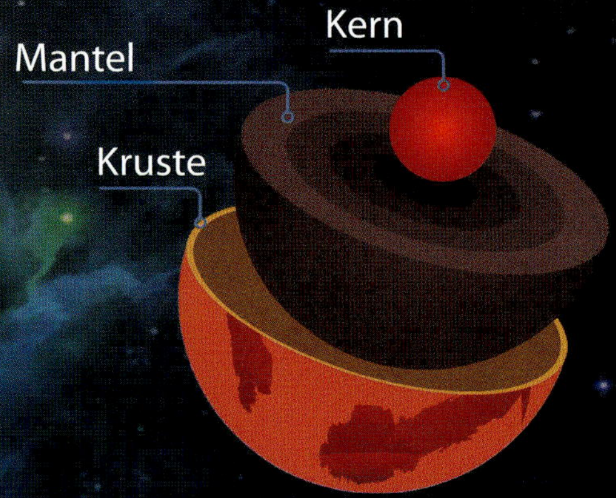

DEIMOS

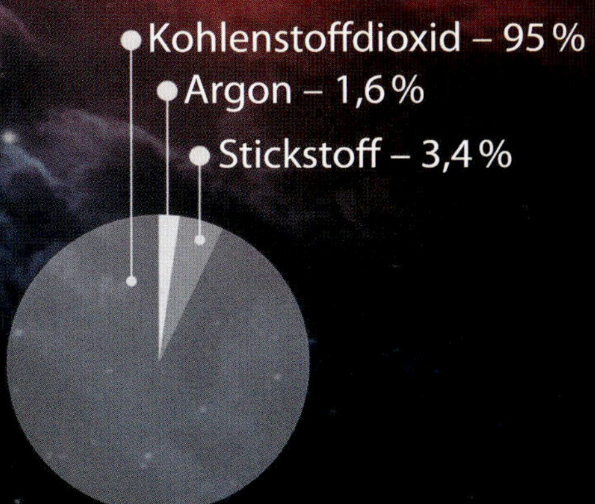

MARS ♂

Lage: vierter Planet im Sonnensystem
Abstand zur Sonne: 227,9 Millionen km
Ein Marstag entspricht 24,63 Stunden
Ein Marsjahr entspricht 686,98 Erdentagen (1,88 Erdenjahre)
Masse im Vergleich zur Erde: 11 %
Gravitationskraft im Vergleich zur Erde: 38 %
Temperatur: –125 °C bis 20 °C
Atmosphäre: 95 % Kohlenstoffdioxid (CO_2)
Bekannte Monde: 2
Ringe: 0
Namensgebung: Mars – römischer Gott des Krieges
Höchster Punkt: Olympus Mons, Tharsis-Region (26.000 m)
Niedrigster Punkt: Hellas Planitia (9.000 m Tiefe)

ASTEROIDENGÜRTEL

Der Asteroidengürtel ist ein leerer Raum mit einer sehr hohen Ansammlung an Asteroiden.

Bisher sind mehrere Hunderttausend von ihnen bekannt. Tatsächlich dürfte dieser Abschnitt jedoch aus mehreren Millionen Asteroiden bestehen.

ASTEROIDEN

Asteroiden sind Brocken aus Gestein, Eisen und Eis. Besonders viele Asteroiden sind zwischen den Planeten Mars und Jupiter anzutreffen.

Die Gesamtmasse des Asteroidengürtels beträgt gerade einmal 4 % des Mondes. Die vier größten Himmelskörper in diesem Raum (1) Ceres, (4) Vesta, (2) Pallas und (10) Hygiea machen davon die Hälfte aus. (1) Ceres ist sogar für ein Drittel der Masse verantwortlich.

Die Zahlen vor den Namen sind Teil der Nomenklatur von Asteroiden, die Zahl ist dabei der provisorische Name nach der Entdeckung.

MONDE

IO

GANYMED

Ganymed ist der größte Mond des Sonnensystems.

KALLISTO

EUROPA

Jupiter ist der größte Planet unseres Sonnensystems und nach der Sonne, dem Mond und der Venus auch der hellste Himmelskörper. Du kannst ihn sogar mit bloßem Auge von der Erde aus erkennen.

Auf der Jupiter-Oberfläche südlich seines Äquators ist der sogenannte **Große Rote Fleck** zu erkennen, ein antizyklonaler Sturm. Forscher gehen davon aus, dass dieser schon seit mindestens 350 Jahren tobt.

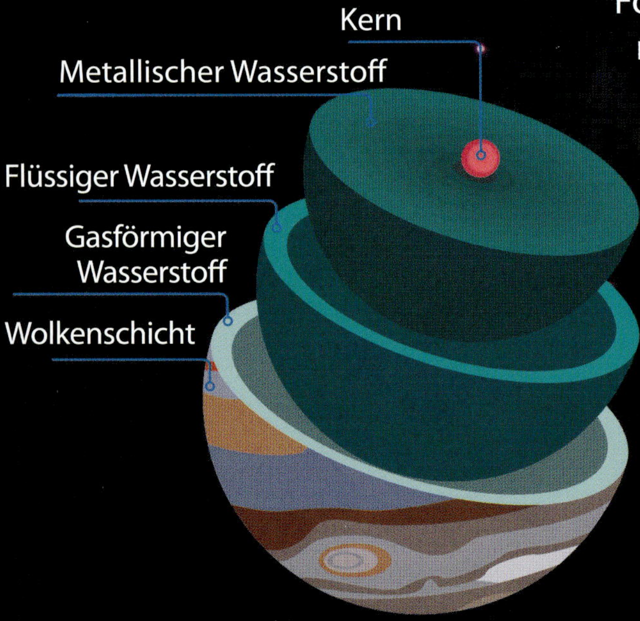

ERDE JUPITER

JUPITER ♃

Lage: fünfter Planet im Sonnensystem
Abstand zur Sonne: 778,6 Millionen km
Ein Jupitertag entspricht 9,92 Stunden
Ein Jupiterjahr entspricht 4.330,6 Erdentagen (11,87 Erdenjahre)
Masse: 318-mal die Erde
Gravitationskraft: 24,79 m/s^2
Temperatur: –108 °C
Atmosphäre: 90 % Wasserstoff (H), 10 % Helium (He)
Bekannte Monde: 79
Ringe: 4
Namensgebung: Jupiter – höchster römischer Gott

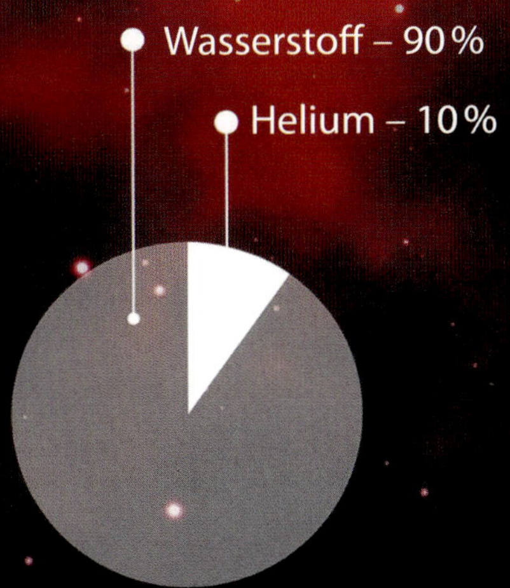

MONDE

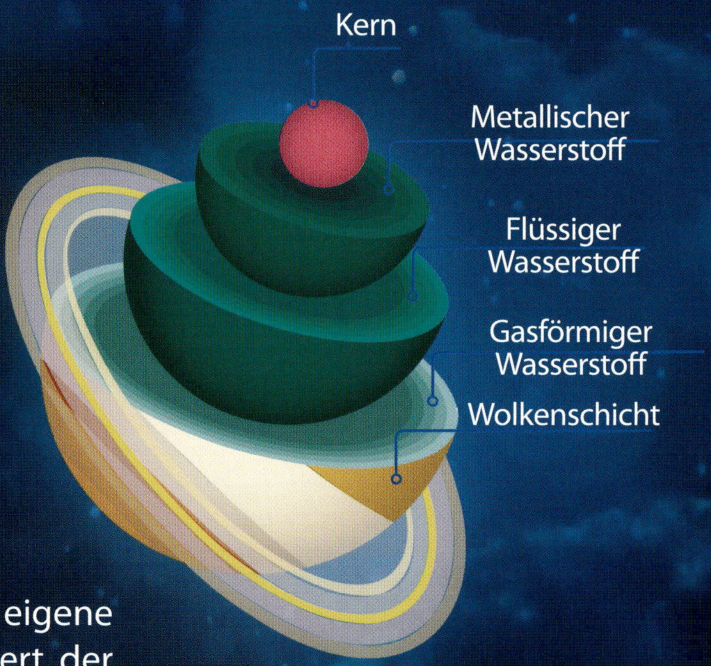

!

Der Saturn dreht sich so schnell um seine eigene Achse, dass seine Form an einen Ball erinnert, der schon etwas platt ist.

Würde man den Saturn in ein riesiges Wasserbecken legen, schwämme er darin wie ein Apfel. Das liegt an der geringen Dichte des Planeten.

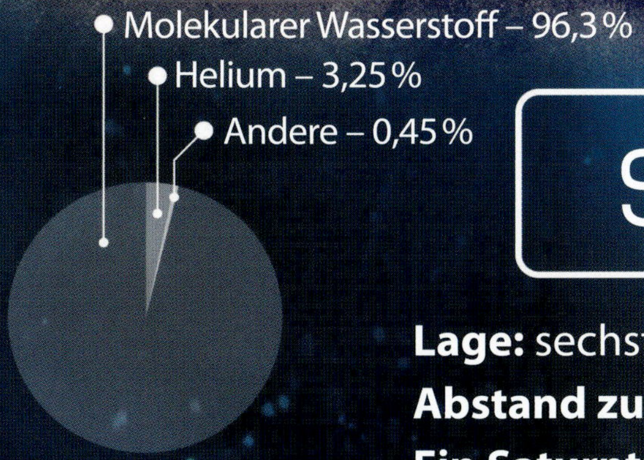

SATURN ♄

Lage: sechster Planet im Sonnensystem
Abstand zur Sonne: 1,4 Milliarden km
Ein Saturntag entspricht 10,66 Stunden
Ein Saturnjahr entspricht 10.756 Erdentagen (29,4 Erdenjahre)
Masse: 95-mal die Erde
Gravitationskraft: 10,44 m/s^2
Temperatur: –178 °C
Atmosphäre: 96,3 % Wasserstoff (H), 3,25 % Helium (He)
Bekannte Monde: 82
Ringe: 7 Hauptringe
Namensgebung: Saturnus – römischer Gott der Aussaat

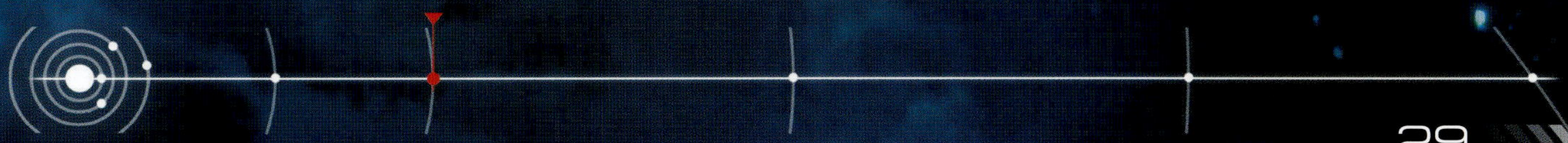

MONDE

MIRANDA

OBERON

TITANIA

ARIEL

UMBRIEL

Uranus ist der kälteste Planet unseres Sonnensystems.

Er wurde bereits im Jahr 1781 entdeckt und ist der einzige Planet, der nach einem Helden der griechischen (nicht der römischen) Mythologie benannt ist.

Entdeckt wurde er von dem britischen Astronomen Sir William Herschel. Daher wurden die Monde des Uranus nach Charakteren aus Werken von William Shakespeare und Alexander Pope benannt – beide berühmte englische Schriftsteller.

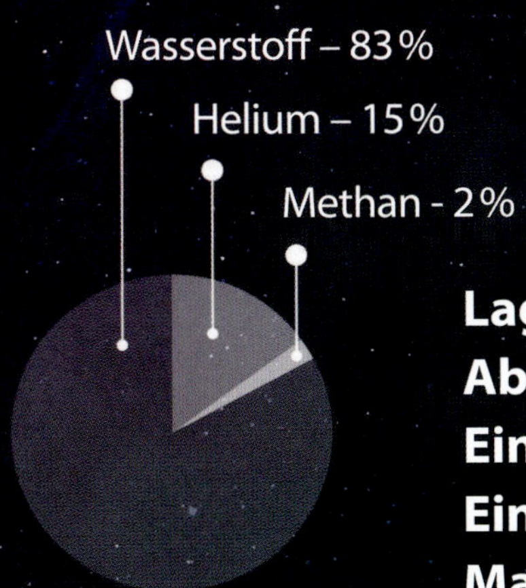

URANUS

Lage: siebter Planet im Sonnensystem
Abstand zur Sonne: 2,9 Milliarden km
Ein Uranustag entspricht 17,14 Stunden
Ein Uranusjahr entspricht 30.688,5 Erdentagen (84 Erdenjahre)
Masse: 15-mal die Erde
Gravitationskraft: 8,87 m/s^2
Temperatur: –216 °C
Atmosphäre: 83 % Wasserstoff (H), 15 % Helium (He)
Bekannte Monde: 27
Ringe: 13
Namensgebung: Uranos – griechischer Gott des Himmels

MONDE

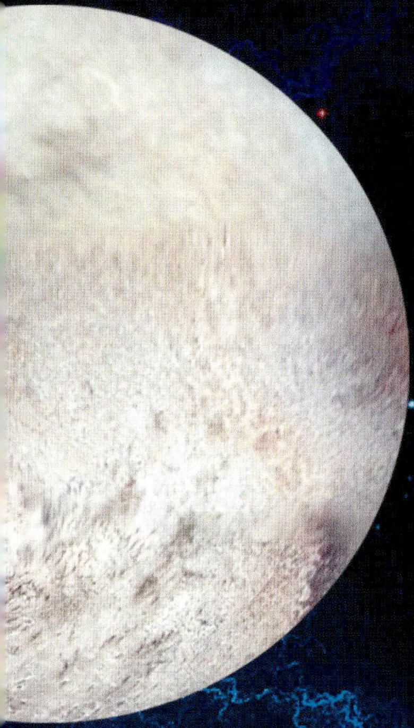

TRITON

PROTEUS

NEREID

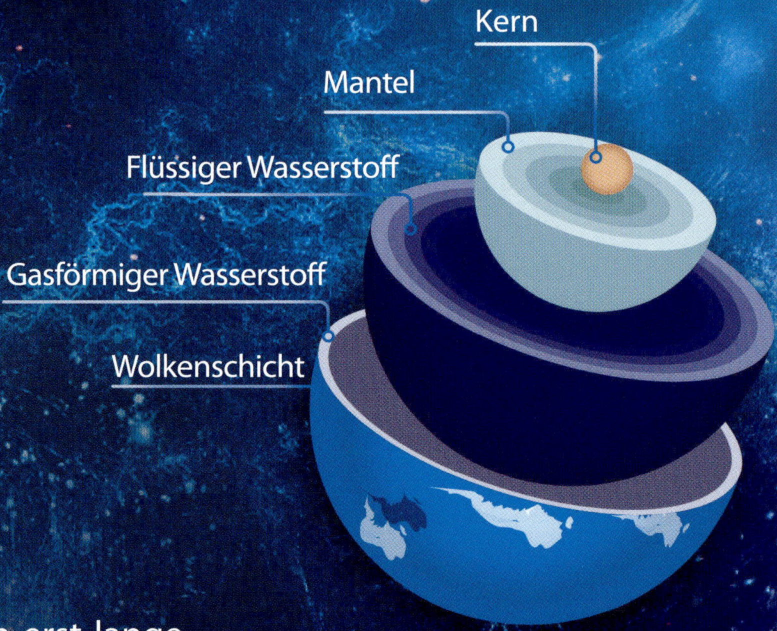

Der Neptun bekam seinen Namen erst lange, nachdem er entdeckt worden war.

Zunächst als »Planet des Le Verrier« bekannt, wurde er schließlich von seinem Entdecker Urbain Le Verrier Neptun getauft.

NEPTUN ♆

Lage: achter Planet im Sonnensystem
Abstand zur Sonne: 4,5 Milliarden km
Ein Neptuntag entspricht 16,6 Stunden
Ein Neptunjahr entspricht 60.182 Erdentagen (164,79 Erdenjahre)
Masse: 17-mal die Erde
Gravitationskraft: 11,15 m/s^2
Temperatur: –214 °C
Atmosphäre: 80 % Wasserstoff (H), 19 % Helium (He)
Bekannte Monde: 14
Ringe: 6
Namensgebung: Neptun – römischer Meeresgott

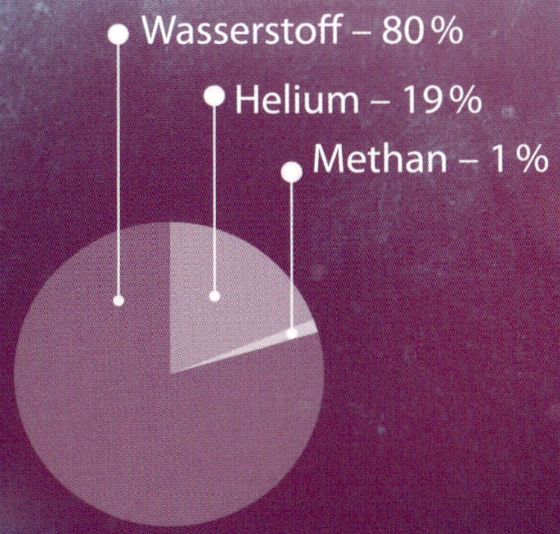

!

Die Schwerkraft auf der Oberfläche des Neptuns ist 1,14-mal so hoch wie auf der Erde.

Der Neptun ist der Planet mit der weitesten Entfernung zur Sonne.

ZWERGPLANETEN

Die Internationale Astronomische Union (IAU) ist eine Vereinigung von Astronomen aus verschiedenen Ländern. Sie definieren den Begriff Zwergplanet als einen Himmelskörper, der die Sonne umkreist und genügend Masse besitzt, um durch seine Eigengravitation eine beinahe runde Form zu haben. Damit ein Himmelskörper als Zwergplanet eingestuft werden kann, darf er zudem nicht der dominanteste Himmelskörper in seiner Umlaufbahn sein. Monde sind keine Zwergplaneten.

Die bisher bekannten Zwergplaneten sind Ceres, Pluto, Eris, Makemake und Haumea. Wissenschaftler gehen jedoch davon aus, dass mehrere Dutzend oder sogar mehrere Hundert Zwergplaneten existieren.

CERES

ERIS

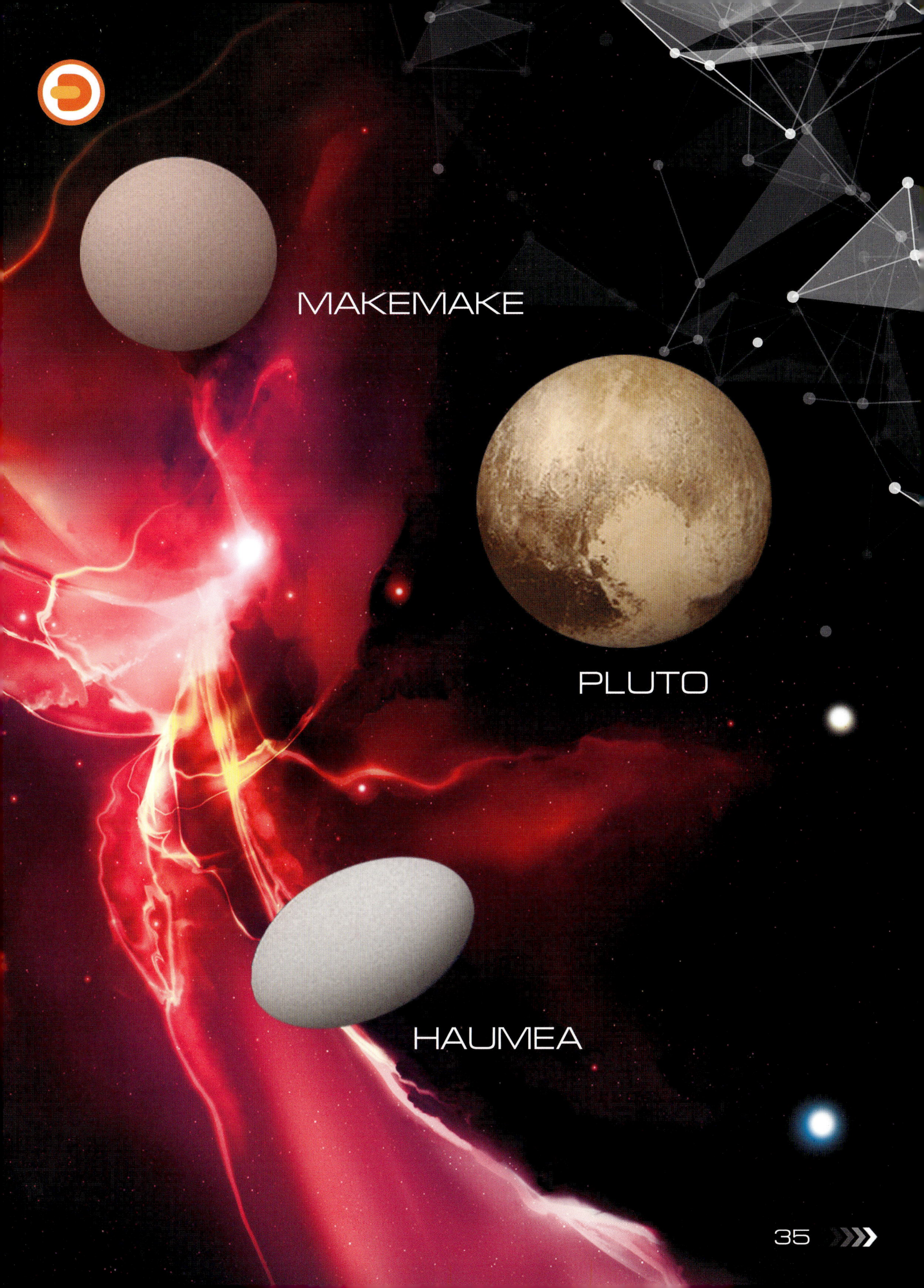
MAKEMAKE
PLUTO
HAUMEA

GESTEINE AUS DEM WELTALL

KOMET

Ein Brocken aus Eis, Gesteinsstaub und gefrorenen Gasen, die aus den äußeren Bereichen des Sonnensystems stammen. Manche Kometen hinterlassen bei ihrer Bewegung eine Spur aus festem Geröll, die als Kometenschweif bezeichnet wird.

METEOR

Ein Lichtstrahl, der entsteht, wenn Gestein aus dem Weltall (Meteoroid oder Asteroid) in die Erdatmosphäre eindringt und verglüht. Jetzt kennst du den Fachbegriff für »Sternschnuppe«.

FEUERKUGEL

Ein sehr heller Meteor, der sogar heller als der Planet Venus ist.

BOLID

Eine andere Bezeichnung für einen sehr hellen Meteor.

METEORIT

Ein Meteoroid oder Asteroid, der beim Eintritt in die Erdatmosphäre nicht vollständig verglüht und in den Erdboden einschlägt. In der Regel handelt es sich hierbei um einen kleinen Gesteinsrest.

METEOROID

Eine andere Bezeichnung für einen Asteroiden. Ein Meteoroid ist größer als ein Staubkorn, jedoch kleiner als ein herkömmlicher Asteroid. Ein Meteoroid verglüht beim Eintritt in die Erdatmosphäre und erzeugt so einen Meteor (eine Sternschnuppe).

SÄULEN DER SCHÖPFUNG

Die Säulen der Schöpfung wurden vom Hubble-Weltraumteleskop am 1. April 1995 fotografiert. Es handelt sich hierbei um drei Säulen aus interstellarem Gas und Staub. Sie befinden sich im Weltall nahe dem Adlernebel (auch bekannt als Star Queen Nebula) und sind ungefähr 7.000 Lichtjahre von der Erde entfernt.

Die Säulen der Schöpfung tragen ihren Namen zurecht, denn sie sind ein Ort, an dem neue Sterne entstehen.

SCHWARZE LÖCHER

Schwarze Löcher gehören zu den seltsamsten und zugleich erstaunlichsten Phänomenen im Weltall. Doch wie entstehen sie?

Wenn ein Stern stirbt, kollabiert er, d. h., er fällt in sich zusammen. Bei kleinen Sternen entsteht danach ein Neutronenstern oder ein sogenannter Weißer Zwerg. Kollabiert jedoch ein extrem großer Stern, fällt er immer weiter in sich zusammen, bis schließlich ein Schwarzes Loch entsteht. Die Gravitationskraft (Schwerkraft) in einem Schwarzen Loch ist so stark, dass selbst Licht davon verschluckt wird.

!

Wenngleich das erste Schwarze Loch erst 1971 entdeckt wurde, war der Begriff bereits 1967 durch den US-amerikanischen Astronomen John Wheeler geprägt worden. Seine Untersuchungen basieren auf der Allgemeinen Relativitätstheorie, mit der Albert Einstein 1916 die Existenz Schwarzer Löcher vorhergesehen hatte.

Es gibt drei Arten: stellare, supermassereiche und intermediäre Schwarze Löcher.

MILCHSTRASSE

SCHWARZES LOCH IM ZENTRUM

So wie in den meisten großen Galaxien verbirgt sich auch im Zentrum der Milchstraße ein supermassereiches Schwarzes Loch. Dieses wird Sagittarius A* oder auch Sgr A* genannt.

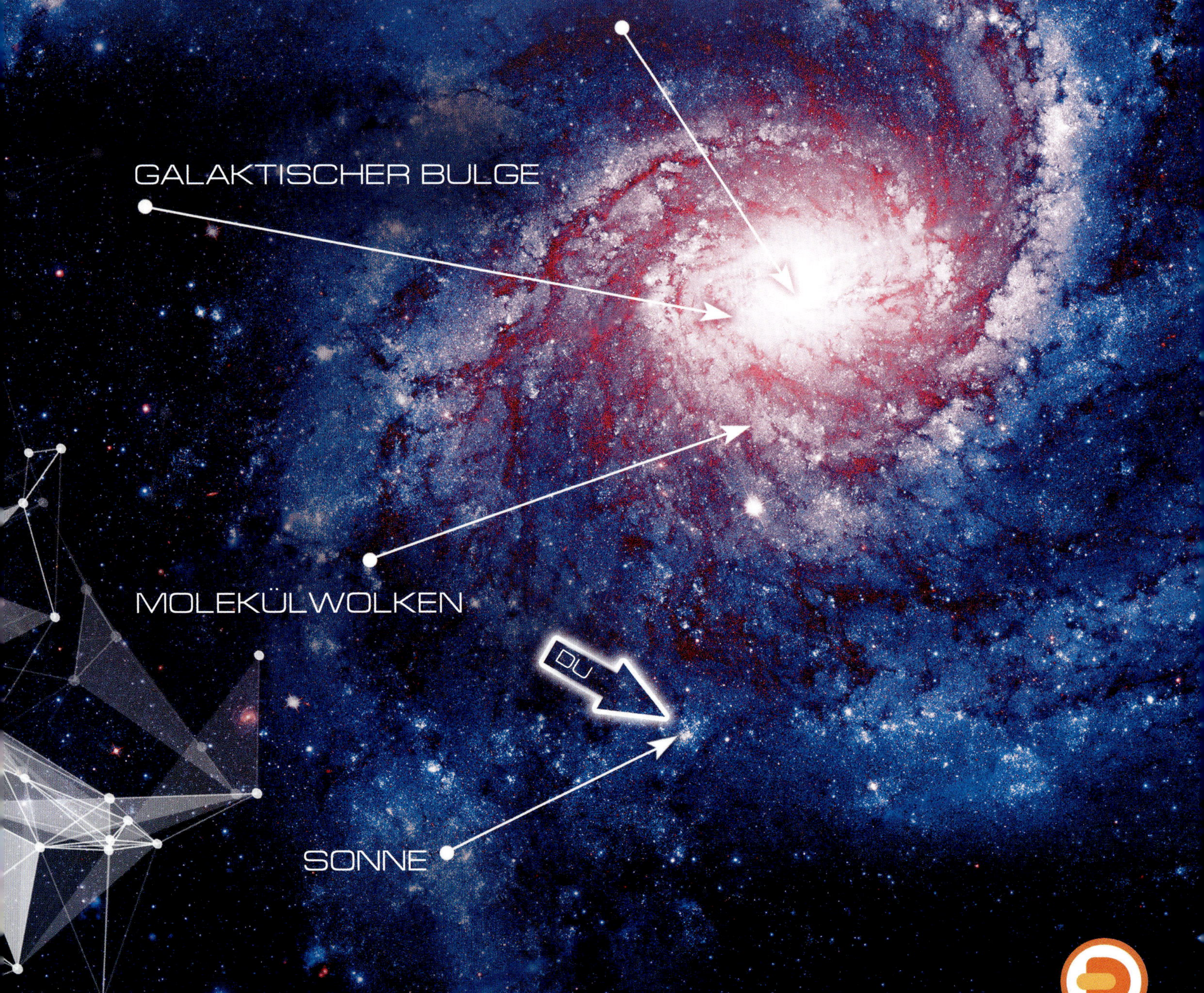

GALAXIE

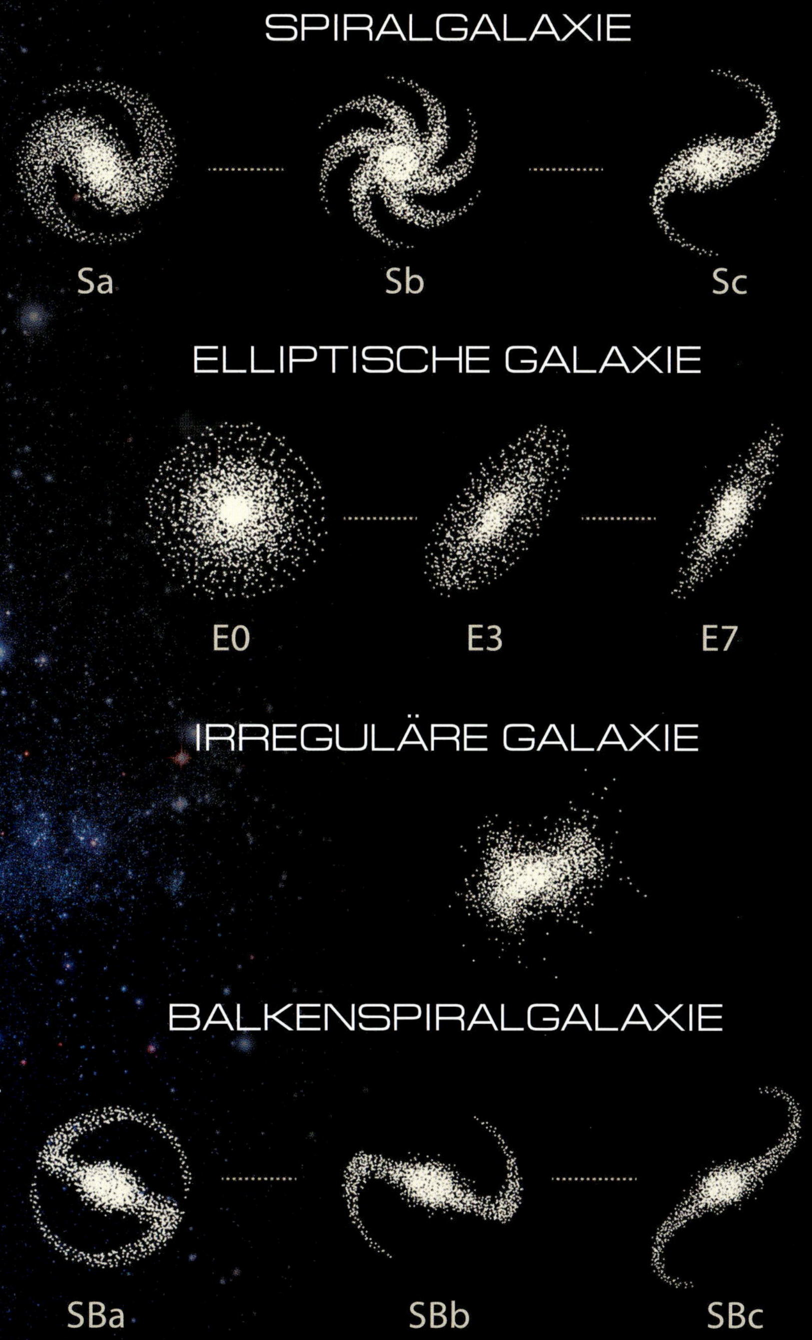

Eine Galaxie ist eine große Ansammlung an Sternen, Planeten, interstellarem Gas, Weltraumgeröll, Staub und dunkler Materie. Dieses System wird durch Gravitation zusammengehalten. Unser Sonnensystem ist Teil der Milchstraßengalaxie. Wir liegen ca. 27.000 Lichtjahre von dessen Zentrum entfernt und bilden nur einen winzigen Bestandteil des Spiralsystems, zu dem mehr als 200 Milliarden Sterne gehören.

WIR HABEN UNSER ZIEL ERREICHT!
ES WAR EINE TOLLE REISE!
UND SIE GEHT NOCH WEITER!

FOLGE MIR,
UM NOCH MEHR ZU ENTDECKEN!

DER LEBENSZYKLUS EINES STERNS

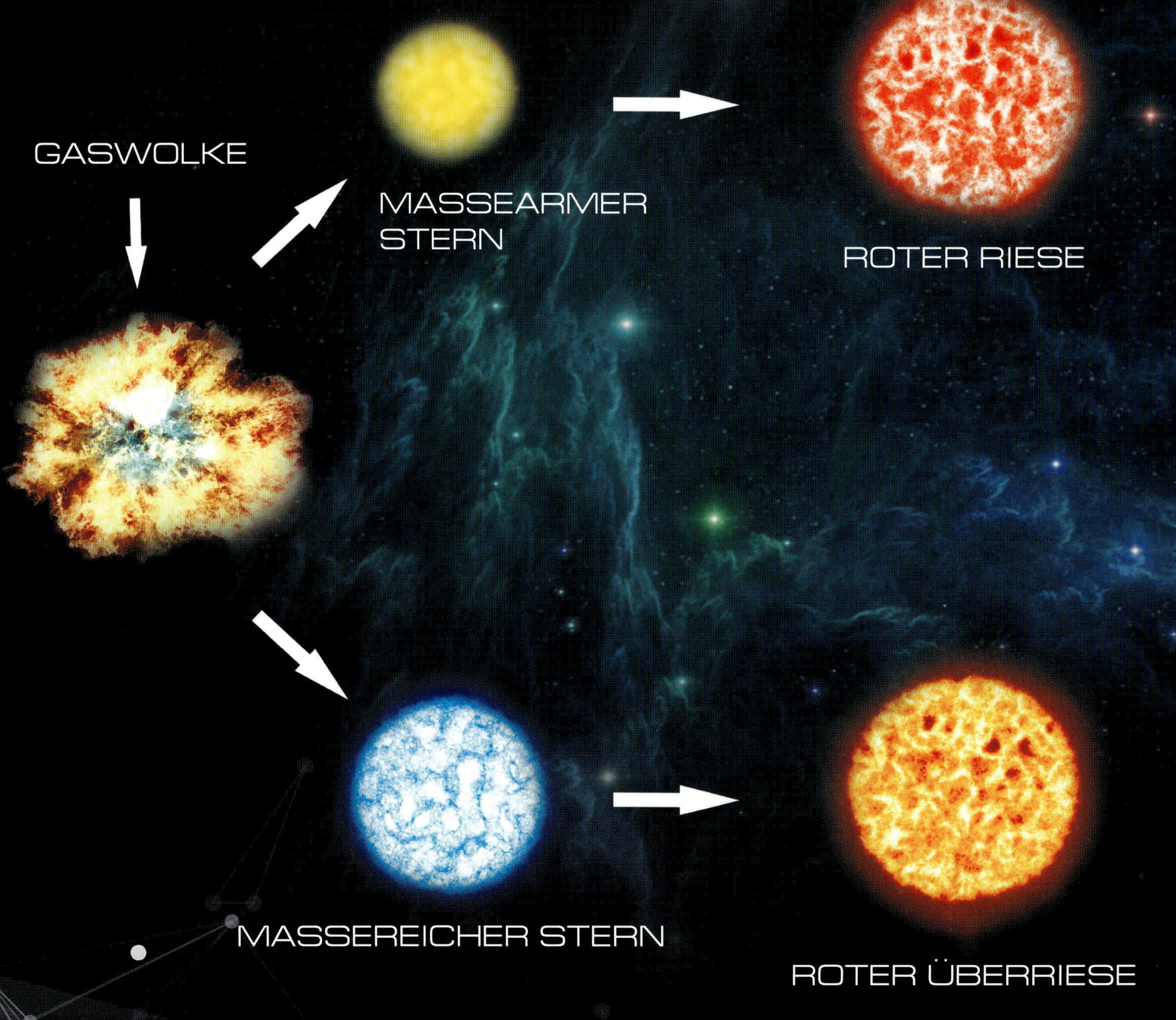

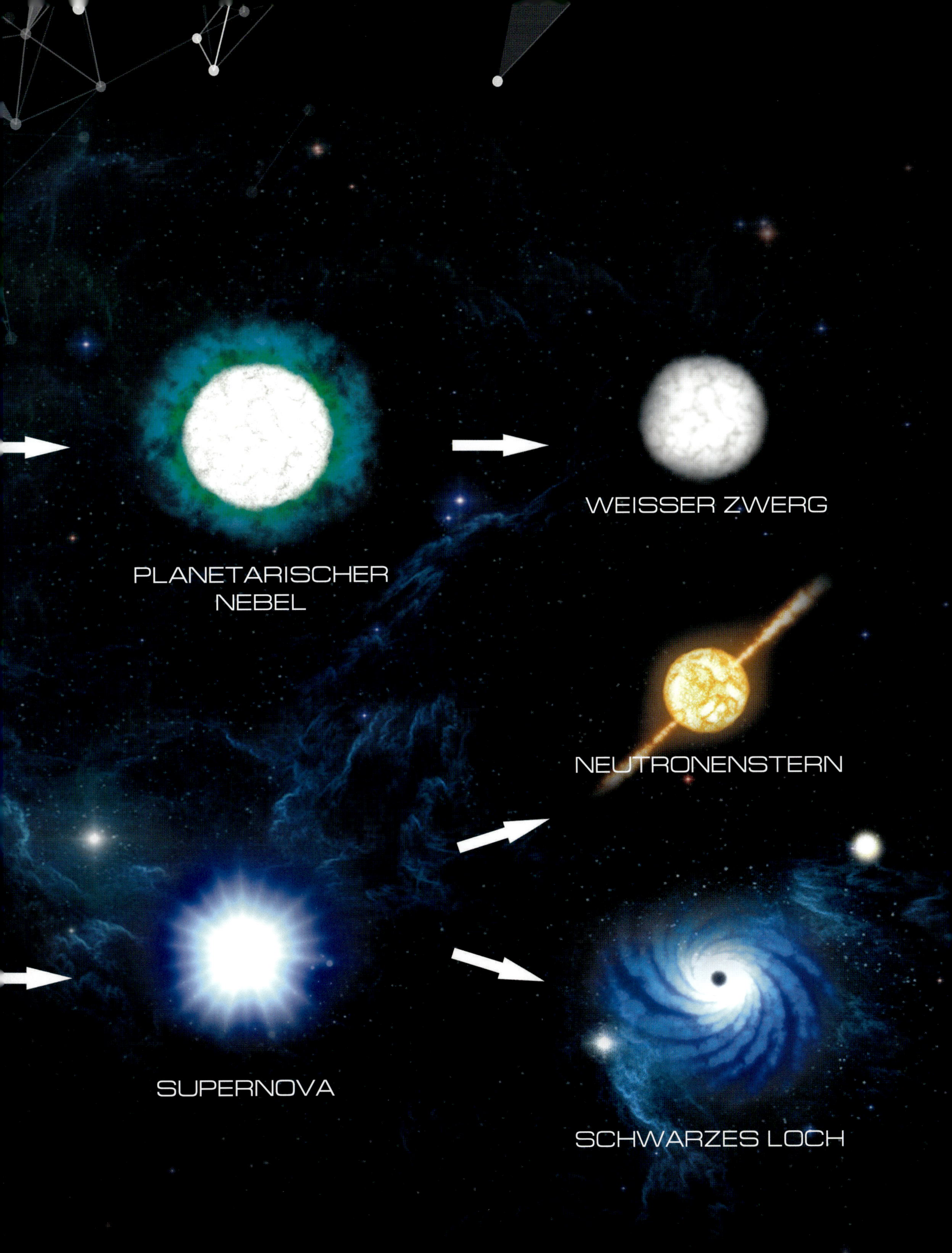
PLANETARISCHER NEBEL
WEISSER ZWERG
NEUTRONENSTERN
SUPERNOVA
SCHWARZES LOCH

TIERKREISZEICHEN

ASTRONOMIE VS. ASTROLOGIE

Astronomie und Astrologie entwickelten sich als Schwesterdisziplinen der Wissenschaft für Jahrtausende Seite an Seite.

Die Astronomie beschäftigt sich mit dem Raum, der über die Atmosphäre unserer Erde hinausgeht. Vertreter der Astrologie hingegen untersuchen die Auswirkung der Sternenpositionen und Sternenbewegungen auf die Menschen bzw. das Geschehen auf der Erde.

WIDDER
STIER
ZWILLINGE
KREBS
LÖWE
JUNGFRAU
WAAGE
SKORPION
SCHÜTZE
STEINBOCK
WASSERMANN
FISCH

MERKUR
VENUS
ERDE
MARS
JUPITER

PARADE DER PLANETEN

Die Parade der Planeten ist ein astronomisches Schauspiel, bei dem die Planeten des Sonnensystems in einer Reihe stehen.

LEBEN AUF ANDEREN PLANETEN?

EXOPLANETEN

Als Exoplaneten werden Planeten bezeichnet, die außerhalb unseres Sonnensystems liegen. Damit ein solcher Planet Leben beherbergen kann, müssen einige Voraussetzungen gegeben sein. Beispielsweise ist der Abstand des Planeten zu seinem Heimatstern von Bedeutung. Auch das Vorhandensein von Wasser ist entscheidend.

Astronomen schätzen, dass es in der Milchstraße rund 40 Milliarden Planeten gibt, auf denen Leben existieren könnte. Diese Exoplaneten sind ähnlich groß wie unsere Erde und liegen in Gebieten nahe einem Roten Zwerg oder anderer sonnenähnlicher Sterne.

Nach derzeitigem Stand der Forschung sind Kepler-62f, Kepler-186f und Kepler-442b die aussichtsreichsten Planeten, um für Lebewesen geeignet zu sein.

KAPTEYN b

GLIESE 667 Cf

KEPLER-442b

KEPLER-62f

WOLF 1061 C
ERDE (ZUM VERGLEICH)
GLIESE 667 Cc
GLIESE 667 Ce
KEPLER-186f

FAQ – Fragen und Antworten zur App

Wenn du ein technisches Problem bei der Verwendung unserer App hast, findest du hier möglicherweise die passende Lösung. Solltest du trotzdem nicht weiterkommen, schreibe uns gleich eine E-Mail an ***info@mut.de*** – wir helfen dir gern.

Was benötige ich, um mein 4D-Buch zu nutzen?

Natürlich kannst du dieses Buch lesen wie ein ganz normales Buch – ohne App und ohne Augmented Reality.

Richtig Spaß macht es allerdings erst, wenn du zusätzlich zu den gedruckten Texten und Grafiken die virtuellen Inhalte betrachtest. Dazu benötigst du ein **Smartphone oder Tablet,** auf dem du unsere **kostenlose DEVAR-App** installierst.

Bitte folge der **Installationsanleitung** zu Beginn dieses Buches. Damit die App fehlerfrei funktionieren kann, muss dein Gerät **technische Mindestanforderungen** erfüllen. Mehr Informationen dazu findest du auf der nächsten Seite.

Darüber hinaus benötigt dein Gerät eine stabile **Internetverbindung** (am besten WLAN), um die App und die digitalen Inhalte herunterzuladen.

Ich halte mein Smartphone oder Tablet über die Buchseiten, aber es passiert nichts

Dies kann verschiedene Gründe haben. Bitte überprüfe Schritt für Schritt die folgenden Bedingungen:

1. Hast du unsere DEVAR-App geöffnet?

Damit deine Gerätekamera die Buchseiten erkennen kann, musst du dich in der DEVAR-App befinden.

2. Hast du in der DEVAR-App das richtige Buch gestartet?

Wenn du die DEVAR-App öffnest, erscheint automatisch der Startbildschirm mit der App-Kamera. Bevor die App jedoch die gedruckten Seiten deines 4D-Buches erkennen kann, musst du zunächst die **digitalen Inhalte** für dein Buch **in der App herunterladen** und danach starten. Wie das funktioniert, erfährst du in der Installationsanleitung.

WICHTIG: Jedes Mal, wenn du dich auf dem Startbildschirm der App befindest, musst du erst wieder das richtige 4D-Buch in der App **auswählen und starten,** bevor die App die Seiten deines gedruckten Buches erkennt.

3. Scannst du die richtigen Seiten deines Buches?

Für die meisten Buchseiten sind digitale Inhalte hinterlegt. Allerdings gibt es auch einige Buchseiten, bei denen schlichtweg nichts passieren soll, wenn sie mit der App-Kamera erfasst werden. Du kannst eine Seite immer dann mit der App zum Leben erwecken, wenn in der rechten oberen Ecke ein D-Symbol abgebildet ist (siehe Schritt 4 der Installationsanleitung).

FAQ – Fragen und Antworten zur App

Die App spielt keinen Ton ab

Bitte stelle sicher, dass der Ton auf deinem Gerät aktiviert ist. Beachte dabei, dass die allgemeine Lautstärke und die Medienlautstärke häufig über zwei separate Schieberegler gesteuert werden können. Es ist auch möglich, dass für die Buchseite, auf der du dich befindest, kein Ton vorgesehen ist. Wenn du dir nicht sicher bist, kannst du dich jederzeit an uns wenden.

Die Animationen laufen nicht flüssig

Wir empfehlen dir, dich während der Installation und Verwendung unserer App mit einem WLAN-Netzwerk zu verbinden. 4G und LTE reichen möglicherweise nicht aus, um alle AR-Inhalte flüssig darzustellen. Wenn die digitalen Inhalte zu deinem 4D-Buch nicht einwandfrei abgespielt werden, wurden diese wahrscheinlich fehlerhaft heruntergeladen. Bitte deinstalliere in diesem Fall die vollständige DEVAR-App, lade sie neu aus dem App Store oder Google Play Store herunter und lade auch die digitalen Inhalte für dein Buch in der App neu (siehe Schritt 3 der Installationsanleitung).

Die App hängt sich auf

Sollte die App nicht ordnungsgemäß funktionieren, deinstalliere sie bitte und lade sie danach neu aus dem App Store oder Google Play Store herunter. Wenn dies nicht hilft, vergewissere dich bitte, ob dein Gerät die technischen Mindestanforderungen der App erfüllt.

Minimale Systemvoraussetzungen

Betriebssystem:
Android 5 bzw. iOS 11

RAM:
3 GB (Android) bzw. 2 GB (iOS)

Freier Speicherplatz:
300 MB

Hauptkamera:
8 MP

Frontkamera:
1,2 MP

Weitere Voraussetzungen:
Für das Installieren und Herunterladen von Inhalten über das Netzwerk sowie für die Produktaktivierung ist eine stabile Internetverbindung erforderlich.

Wir sind für dich da! Solltest du trotz der aufgeführten Lösungsvorschläge immer noch Probleme oder Fragen haben, schreibe uns bitte eine E-Mail an ***info@mut.de***

Markt+Technik

Dieses Werk einschließlich aller Inhalte ist urheberrechtlich geschützt. Alle Rechte vorbehalten, auch die der Übersetzung, der fotomechanischen Wiedergabe und der Speicherung in elektronischen Medien. Bei der Erstellung von Texten und Abbildungen wurde mit größter Sorgfalt vorgegangen. Trotzdem sind Fehler nicht völlig auszuschließen. Verlag, Herausgeber und Autoren können für fehlerhafte Angaben und deren Folgen weder eine juristische Verantwortung noch irgendeine Haftung übernehmen. Für Anregungen und Hinweise auf Fehler sind Verlag und Autoren dankbar. Die Informationen in diesem Werk werden ohne Rücksicht auf einen eventuellen Patentschutz veröffentlicht. Warennamen werden ohne Gewährleistung der freien Verwendbarkeit benutzt. Nahezu alle Hard- und Softwarebezeichnungen sowie weitere Namen und sonstige Angaben, die in diesem Buch wiedergegeben werden, sind als eingetragene Marken geschützt. Da es nicht möglich ist, in allen Fällen zeitnah zu ermitteln, ob ein Markenschutz besteht, wird das ®-Symbol in diesem Buch nicht verwendet.

Bildnachweise: For the interior illustrations, the following images are used: NASA images, boscorelli, Creative Mood, Fer Gregory, Jurik Peter, Liu zishan, Mevan, Rasica, sdecoret, shooarts, SkyPics Studio, Tristan3D, Vadim Sadovski, Veronika By, Vitek Prchal. Used under Shutterstock.com license. Illustrations in the book are not exact copies of space objects and landscapes.

ISBN 978-3-95982-256-5

Copyright © by DEVAR Entertainment Limited

Copyright für die deutschsprachige Ausgabe © 2022
Markt+Technik Verlag GmbH
Espenpark 1a
90559 Burgthann

Produktmanagement Tobias Braun, Burkhardt Lühr

Übersetzung Tobias Braun

Lektorat, Herstellung Jutta Brunemann

Bildmaterial DEVAR

Covergestaltung, Satz David Haberkamp

Druck Firmengruppe APPL, Wemding

Printed in Germany

Du möchtest in weitere Themen eintauchen?

Anatomie

Der menschliche Körper

Erkunde das menschliche Skelett aus ganz neuen Perspektiven – ohne dass du einen Anatomiesaal betreten musst.

Untersuche den Aufbau der Knochen, beobachte unsere Muskeln in Aktion, erforsche das Nerven- und Kreislaufsystem sowie das größte menschliche Organ, die Haut.

Interaktive Modelle mit Soundeffekten ermöglichen eine erstaunliche Tour durch den menschlichen Körper.

Nur 14,95 €

Anatomie

Die menschlichen Organe

Erforsche mit uns die menschlichen Organe und erhalte tiefe Einblicke in folgende Themengebiete:

- Der Kopf mit Nase, Ohren, Augen und Gehirn
- Der Brustkorb mit Herz, Lunge und Bronchien
- Die Bauchhöhle mit Leber, Magen und Darm
- Die Leistengegend mit Nieren, Harnblase und Fortpflanzungsorganen
- Schwangerschaft

Bei keinem anderen Buch kommst du den Inhalten so nahe – du kannst sogar ein schlagendes Herz in den Händen halten!

Nur 14,95 €

Alle Bücher unserer neuen 4D-Reihe sind im Buchhandel sowie online in unserem Shop **www.mut.de** erhältlich.

Weltraum

Sterne • Planeten • Galaxien

Begib dich auf eine spannende Reise durch die Weiten des Weltraums und entdecke dabei Sterne, Planeten und Galaxien hautnah. Du reist jedoch nicht allein. Ein sprechender Roboter, der zusätzliche Informationen zu den Inhalten des Buches liefert, begleitet dich auf Schritt und Tritt.

Folgende Themen sind enthalten:

- Unser Sonnensystem
- Sonne, Mond, Erde
- Planeten und Zwergplaneten
- Asteroidengürtel
- Säulen der Schöpfung
- Schwarze Löcher
- Die Milchstraße
- Exoplaneten

Nur 14,95 €

Mikrokosmos

Das Leben in einem Wassertropfen

Hast du schon einmal Bärtierchen, Rädertierchen, Meeresleuchttierchen oder Kieselalgen gesehen?

Dieses Buch bringt dir die faszinierende winzige Welt mikroskopisch kleiner Organismen näher. Tauche – mithilfe von Augmented Reality – in einen Wassertropfen ein und untersuche seine Bewohner, ohne ein teures Mikroskop zu benötigen.

Warum glühen manche Einzeller und wie überleben Bakterien? Digitale Minispiele – wie das Füttern von Zooplankton – machen dieses Buch zu einem abwechslungsreichen Erlebnis.

Nur 14,95 €